Yacine BENALI

# Betões e argamassas poliméricas

Yacine BENALI

# Betões e argamassas poliméricas

## Fabrico e instalação

ScienciaScripts

**Imprint**
Any brand names and product names mentioned in this book are subject to trademark, brand or patent protection and are trademarks or registered trademarks of their respective holders. The use of brand names, product names, common names, trade names, product descriptions etc. even without a particular marking in this work is in no way to be construed to mean that such names may be regarded as unrestricted in respect of trademark and brand protection legislation and could thus be used by anyone.

Cover image: www.ingimage.com

This book is a translation from the original published under ISBN 978-620-6-71956-4.

Publisher:
Sciencia Scripts
is a trademark of
Dodo Books Indian Ocean Ltd. and OmniScriptum S.R.L publishing group

120 High Road, East Finchley, London, N2 9ED, United Kingdom
Str. Armeneasca 28/1, office 1, Chisinau MD-2012, Republic of Moldova, Europe
Printed at: see last page
ISBN: 978-620-7-99087-0

# ÍNDICE DE CONTEÚDOS


INTRODUÇÃO ............................................................. 2

UMA HISTÓRIA DOS POLÍMEROS NO BETÃO ................. 3

CLASSES DE BETÃO POLÍMERO E ARGAMASSA

UTILIZADOS NA CONSTRUÇÃO ......................................... 6

CONCLUSÕES ............................................................. 37

REFERÊNCIA ............................................................. 38

# INTRODUÇÃO

Os betões e argamassas à base de cimento Portland estão entre os materiais de construção mais utilizados no mundo (1 m$^3$ por ano por habitante) (Elalaoui, 2012), especialmente quando combinados com aço.

As qualidades mecânicas, o custo relativamente baixo, a disponibilidade e a facilidade de fabrico do betão e da argamassa de cimento Portland são as vantagens mais óbvias destes compósitos hidráulicos e levaram à utilização hegemónica destes materiais na construção. No entanto, a baixa resistência à flexão, a fraca ductilidade, a sensibilidade aos efeitos do gelo-degelo e a fraca resistência química e, em certa medida, a durabilidade a longo prazo, representam as suas limitações mais graves (Afridi, 1995; Bahranifard, Vosoughi e Shariati, 2022). Para ultrapassar algumas destas deficiências e satisfazer as novas necessidades de materiais multifuncionais com elevado desempenho, os investigadores criaram materiais compósitos, incorporando polímeros em vez de ou em combinação com cimento Portland (betões ou argamassas poliméricos).

O principal objetivo deste documento é indicar e clarificar as boas práticas actuais recomendadas para a utilização de polímeros em betão e argamassa. O documento aborda as diferentes classes destes materiais, os seus componentes e as suas potenciais aplicações em engenharia civil. Além disso, será feita uma síntese bibliográfica sobre os principais constituintes, a mistura, o seu mecanismo, a formação da co-matriz e as diversas interacções que regem a evolução das argamassas modificadas com látex ao longo do tempo.

# UMA HISTÓRIA DOS POLÍMEROS NO BETÃO

A ideia de utilizar um polímero orgânico como material de construção remonta a milhares de anos. Muitas provas demonstram que, nos primórdios da história da civilização, as pessoas combinavam polímeros naturais com agregados inorgânicos para produzir misturas duráveis e de elevada resistência (Benali, 2018).

No quarto milénio a.C., as paredes de tijolo de barro da Babilónia foram construídas com argamassas de asfalto, que é considerado um polímero natural (Elalaoui, 2012; Bothra e Ghugal, 2015). Para além disso, as fundações do templo de Ur-Nina (rei de Lagash), na cidade de Kish, no Iraque, são construídas com argamassas que consistem em 25% a 35% de betume, outro polímero natural (Bothra e Ghugal, 2015).

Além disso, as muralhas de Jericó, no Jordão, também foram construídas com um polímero betuminoso por volta de 2500-2100 a.C., tendo sido também identificadas argamassas betuminosas na construção das cidades do Vale do Indo de Mohenje-daro e Harappa, no Paquistão, por volta de 3000 a.C., e perto do Tigre, na Argentina, em 1300 a.C. (Ribeiro, 2006; Bothra e Ghugal, 2015; Benali, 2018).

Muitos polímeros naturais, incluindo albumina, sangue, pasta de arroz e outros, foram utilizados em argamassas antigas (Bothra e Ghugal, 2015).

Acredita-se também que, já no século II a.C., a pasta de arroz glutinoso com argamassa de cal foi usada para construir a Grande Muralha da China (Ribeiro, 2006; Benali, 2018). Uma das sete maravilhas do mundo.

Os primeiros polímeros sintéticos foram desenvolvidos no início do século XX (Ribeiro, 2006; Bothra e Ghugal, 2015), mas a produção industrial destes novos materiais só teve expressão significativa na década de 1940 (Bothra e Ghugal,

2015). As primeiras sínteses tiveram como objetivo produzir substitutos para dois polímeros naturais: a seda e a borracha (borracha natural), cujas fontes de abastecimento na Malásia foram cortadas pelos japoneses durante a Segunda Guerra Mundial (Ribeiro, 2006).

No entanto, desde então, com os crescentes avanços na tecnologia dos polímeros, foram produzidos centenas de polímeros sintéticos sem equivalente na natureza. Logo após o fim da Segunda Guerra Mundial, iniciou-se a prática de incorporação de polímeros sintéticos em betões e argamassas (Ribeiro, 2006; Bothra e Ghugal, 2015). Aparentemente, a primeira indicação do uso de polímeros naturais em betões de cimento foi em 1909, nos Estados Unidos, quando foi concedida uma patente a L.H.Backland (Ribeiro, 2006; Ohama, 2011; Benali, 2018).

Treze anos mais tarde, em França, outra patente sobre argamassas de cimento modificadas com polímeros naturais foi concedida a M.E.Varegyas (Ohama, 1995; Ribeiro, 2006).

Na Grã-Bretanha, os polímeros em betão são conhecidos, em 1923, com a patente de L. Cresson com uma borracha que modifica os materiais de pavimentação da estrada. A patente refere-se a materiais de pavimentação com látex de borracha natural onde o cimento era usado como enchimento (Bothra e Ghugal, 2015).

Em 1924, com o desenvolvimento de L. Lefebure foi publicada a primeira patente com o atual conceito de modificação de polímeros (látex de borracha), e mais tarde, em 1925, outra patente relativa à inovação deste produto foi atribuída a Kirkpatrik (Ribeiro, 2006; Bothra e Ghugal, 2015).

A utilização de polímeros foi considerada um sinal de progresso e de modernidade na construção e a indústria do betão polímero revela-se muito interessante, tanto mais que estes "novos materiais" estão a suscitar um interesse renovado graças às suas qualidades notáveis em relação aos materiais de construção convencionais no domínio da engenharia civil (Benali, 2018).

O que são os polímeros e porque são utilizados no betão e na argamassa? A palavra polímero é uma palavra grega composta por "pollus" e "mero", que significa "muitos" e "parte", respetivamente. O conceito geral de compósitos poliméricos de betão, do ponto de vista técnico, envolve um processo pelo qual produtos químicos: monómeros, oligómeros, pré-polímeros, polímeros são introduzidos numa mistura de betão ou argamassa, sendo depois sujeitos a uma reação química - polimerização ou policondensação (ligação covalente de várias unidades químicas ou motivos unitários) por sistemas termocatalíticos ou outros.A incorporação de polímeros em betões e argamassas produz, obviamente, materiais semelhantes aos betões cimentícios comuns, mas com características superiores (Bothra e Ghugal, 2015). A matriz cimentícia pode ser substituída, em parte ou na totalidade, por uma matriz orgânica "uma resina". Estas são geralmente classificadas em três classes.

# CLASSES DE BETÃO POLÍMERO E ARGAMASSA UTILIZADOS NA CONSTRUÇÃO

A procura de métodos e meios para aumentar a densidade, a resistência ao ataque químico e a durabilidade do betão armado ou não armado levou à formulação de diferentes grupos de betão com aditivos ou à base de polímeros, conhecidos como betões poliméricos.

Os sistemas de betão polímero mais conhecidos são geralmente classificados de acordo com a tecnologia do processo. A figura 1 resume os sistemas de betão utilizados na construção.

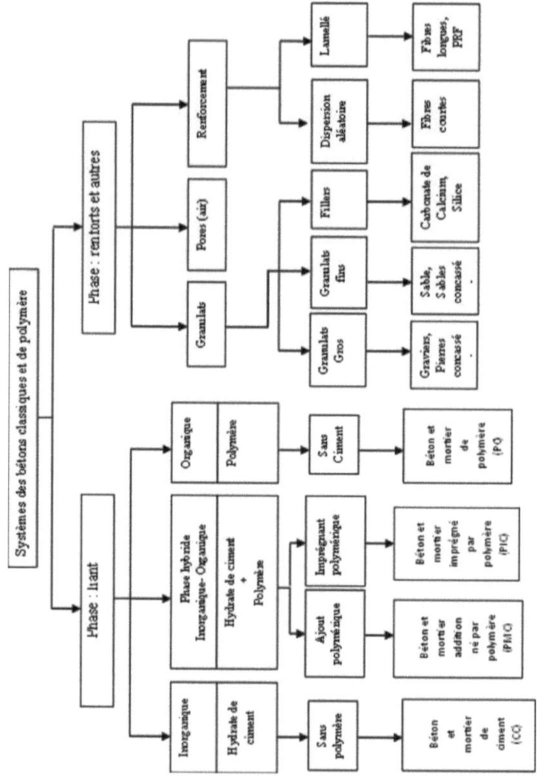


Figura 1: Classificação dos sistemas de betão utilizados na construção

A figura mostra que a utilização de polímeros no betão resulta em :

• A natureza química destes componentes de base.

• Como é feito (com água - sem água - com cimento ou sem água e cimento)

• A percentagem de polímero introduzida no rácio da mistura (W/C).

• A natureza da "forma" do polímero (monómeros - resina líquida - pó redispersível - solução).

Betão e argamassa impregnados de polímeros (BIP/MIP)

Os BIPs e MIPs foram os primeiros compósitos a serem desenvolvidos. São amplamente conhecidos desde o final da década de 1960 e a década de 1970 (Fowler, 1999; Ohama, 2011). Estes sistemas são compósitos formados pela injeção de um monómero de baixa viscosidade (Fowler, 1999; Knapen, 2007; Elalaoui, 2012), tipicamente metacrilato de metilo MMA (ACI_Committee_548, 1997; Fowler, 1999), na forma líquida ou gasosa, nos poros do betão de cimento Portland (ou argamassa) após a cura (Fowler, 1999; Elalaoui, 2012); embora os monómeros do tipo líquido se adaptem mais facilmente à impregnação do betão (ou argamassa) curado (ACI_Committee_548, 1997). Em geral, quase qualquer forma, tamanho, configuração e qualidade de betão de cimento Portland (ou argamassa) pode ser impregnado, desde que o monómero tenha acesso ao espaço vazio dentro do betão (ou argamassa). Uma parte significativa deste espaço é geralmente obtida pela eliminação da água livre dos poros por simples secagem (ACI_Committee_548, 1997). É evidente que o preenchimento do espaço disponível na rede de poros do betão (ou argamassa) com monómeros determina se este compósito está parcial ou totalmente impregnado. De acordo com o guia (ACI_Committee_548, 1997), a impregnação total implica que aproximadamente 85% do espaço vazio disponível após a secagem seja preenchido. Após a impregnação, o betão ou argamassa contendo a quantidade desejada de monómero é submetido a um tratamento para converter o monómero em polímero (polimerização).

Os dois métodos mais comummente utilizados para a polimerização em sistemas impregnados são designados por termocatalítico e catalítico promovido. Um terceiro método, que envolve radiação ionizante, é utilizado com menos frequência (ACI_Committee_548, 1997; Fowler, 1999).

Uma descrição do processo de o BIPS, utilizando a polimerização termocatalítica é mostrada na Figura 2.

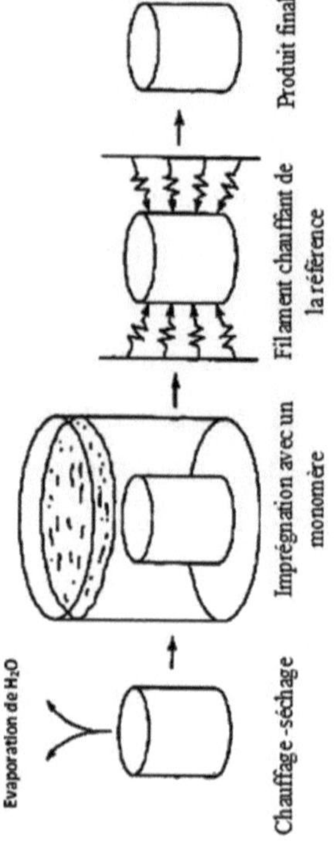


Figura 2. Diagrama do método de produção BIP (ACI_Committee_548, 1997)

# PROPRIEDADES DOS SISTEMAS IMPREGNADOS

De um modo geral, a impregnação do betão (ou argamassa) afecta positivamente várias propriedades importantes, incluindo as resistências à tração, à flexão e à compressão (Fowler, 1999; Elalaoui, 2012). Na maioria dos casos, estes novos materiais impregnados de polímeros têm também uma resistência à compressão igual a quatro ou cinco vezes a do betão convencional (ACI_Committee_548, 2009). Também se pode registar uma melhoria no módulo de Young, na resistência à abrasão, na resistência à penetração e aos danos causados pela água, ácidos, sais e na resistência aos ciclos de congelação/degelo (Fowler, 1999; Elalaoui, 2012; Czarnecki, Őzkul e Wang, 2013), ver Tabela 1.

Tabela 1. Durabilidade do betão impregnado com polímero (Elalaoui, 2012).

| | | Betão de controlo | Betão impregnado de polímero (MMA) | Betão impregnado de polímeros (estireno) |
|---|---|---|---|---|
| Congelar-descongelar | Número de ciclos | 740 | 3650 | 5440 |
| | Perda de massa (%) | 25 | 2 | 2 |
| Ataque de sulfatos | Expansão (%) | 0.466 | 0.006 | 0.03 |
| | Número de dias | 480 | Não | 690 |
| Resistência a ácidos (15% HCl) | Perda de massa (%) | 27 | 9 | 12 |
| | Número de dias | 105 | 805 | 805 |
| Resistência ao desgaste | Profundidadeprofundidade (mm) | 1.25 | 0.38 | 0.93 |
| | Perda de massa (g) | 14 | 4 | 6 |

# APLICAÇÕES DE SISTEMAS IMPREGNADOS

Graças às suas propriedades excepcionais, pode ser utilizado numa vasta gama de aplicações, incluindo :

• Preservar os monumentos.

• Reabilitação de edifícios antigos e degradados.

• O fabrico de tabuleiros de pontes, tubos e condutas para fluidos agressivos.

• Também têm sido utilizados no fabrico de ladrilhos, vigas, lajes, pavimentos, lancis e revestimentos de túneis (Fowler, 1999; ACI_Committee_548, 2009).

• Além disso, os seus sistemas são amplamente utilizados para a construção de lagos e coberturas de água.

• São também utilizados para fabricar painéis pré-fabricados finos e para reparar pavimentos rodoviários danificados (Kardon, 1997).

Limites dos sistemas impregnados

A principal desvantagem dos sistemas impregnados (BIP e MIP) é o seu custo, que não é economicamente viável. Atualmente, os monómeros utilizados para a impregnação são caros e o processo de fabrico é mais complicado do que o dos produtos convencionais (Knapen, 2007; Ohama, 2011; Elalaoui, 2012). Além disso, a impregnação parcial não torna o betão completamente impermeável, e a exposição a agentes muito agressivos, como o ácido sulfúrico, pode ser prejudicial (o betão ou a argamassa podem ser atacados lentamente). No entanto, o processo de impregnação é muito demorado (cerca de dois dias para uma impregnação parcial) (ACI_Committee_548, 2009).

Argamassa de betão ou de polímero (BP/MP)

Pertencem à categoria dos materiais de matriz orgânica, daí a sua designação de betão (ou argamassa) de matriz orgânica (Haidar, 2011; Elalaoui, 2012). É também conhecido como betão (ou argamassa) de resina sintética ou betão (ou argamassa) de resina plástica ou simplesmente como betão (ou argamassa) de resina ou polímero (Ribeiro, 2006; Haidar, 2011; Benali, 2018). Este sistema começou a ser utilizado no final dos anos 50 e início dos anos 60 (Ohama, 2011), embora a procura fosse muito limitada. Foi utilizado pela primeira vez na indústria da construção nos Estados Unidos, em 1958, para o fabrico inovador de painéis de parede pré-fabricados e de mármore artificial (Fowler, 1999). Na Europa, foi utilizado como material de reparação já em 1961 (Ribeiro, 2006). No entanto, só no final dos anos 60 e início dos anos 70, após o desenvolvimento dos BIPs, é que o BP se tornou mais conhecido. Estes compósitos são geralmente formados por um esqueleto granular e um ligante polimérico (Haidar, 2011). Não contêm uma fase cimentícia hidratada (Salbin, 1996; Kardon, 1997; Czarnecki, 2007; Zabihi e Ozkul, 2015), embora o cimento Portland possa ser utilizado como filler "sem a água" (Ribeiro, 2006). Quando os reforços são formados por areia ou por inclusões mais pequenas, diz-se que o compósito é uma argamassa de resina ou de polímero (Haidar, 2011; Elalaoui, 2012).

Os polímeros utilizados para este sistema são por vezes termoplásticos, mas na maioria dos casos são termoendurecíveis, ver Figura 3.
a) MMA - metacrilato de metilo;
b) TMPTMA - trimetacrilato de trimetilolpropano;
c) HMWM - Metacrilato de elevado peso molecular; d) UMA - Metacrilato de uretano.

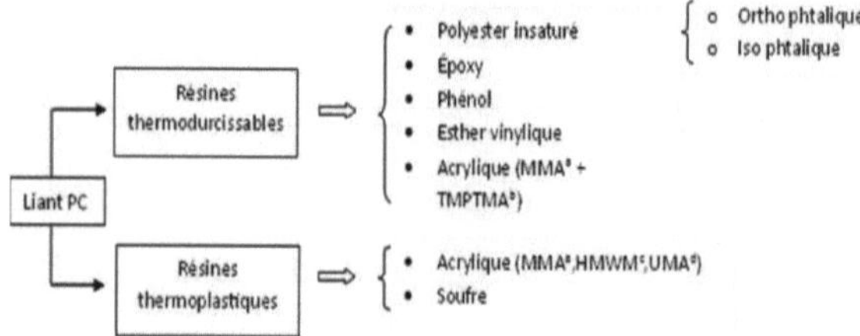



Figura 3. Polímeros comercialmente disponíveis utilizados como ligantes em sistemas BP/MP (Ribeiro, 2006)

Propriedades dos compósitos de betão ou argamassa polimérica

A substituição total da matriz cimentícia, no caso dos betões ou argamassas correntes, por um ligante polimérico justifica-se pela melhoria do seu comportamento face a vários tipos de agressões mecânicas, químicas ou outras (Elalaoui, 2012; Czarnecki, Őzkul e Wang, 2013).

Este tipo de material oferece uma série de vantagens, nomeadamente :
• Boa resistência aos agentes químicos e corrosivos;

• Baixa permeabilidade à água e boa resistência aos ciclos de gelo-degelo;

• Baixo coeficiente de expansão térmica ;

• Cura rápida à temperatura ambiente (-18 a 40°C) ;

• Boa aderência aos agregados e ao betão velho;

• Melhor resistência mecânica do que o betão hidráulico, especialmente em tração, ver quadro 2;
• Boa resistência à abrasão;

• Excelente durabilidade a um custo razoável e baixo peso;

• Como resultado, têm um módulo de elasticidade reduzido e podem ser utilizados com camadas finas para acabamentos decorativos e arquitectónicos;
• Além disso, têm uma boa resistência à fluência e são altamente resistentes aos

raios UV, devido ao teor muito baixo de polímeros e cargas inertes.

Tabela 2. Propriedades típicas dos betões polímeros comuns e do betão de cimento Portland (Elalaoui, 2012).

| Material | Densidade (kg/l) | Absorção teor de água (%) | Rc (MPa) | Rt (MPa) | Rf (MPa) | E (GPa) |
|---|---|---|---|---|---|---|
| Polimetacrilato de metilo | 2-2.4 | 0.05-0.6 | 70-210 | 9-11 | 30-35 | 35-40 |
| Poliéster | 2-2.4 | 0.3-1 | 50-150 | 8-25 | 15-45 | 20-40 |
| Epóxi | 2-2.4 | 0.02-1 | 50-150 | 8-25 | 15-50 | 20-40 |
| Furano | 1.6 - 1.7 | 0.2 | 48-64 | 7-8 | - | - |
| Betão de cimento Portland | 1.9-2.5 | 5-8 | 13-35 | 1.5-3.5 | 2-8 | 20-30 |

Aplicações de compósitos de betão ou argamassa polimérica Devido às suas muitas vantagens, o betão ou argamassa polimérica tornou-se um material dominante na indústria da construção no Japão e na Europa durante a década de 1970 e na década de 1980 nos Estados Unidos (Ohama, 2011; Elalaoui, 2012).

Têm sido utilizados em aplicações onde há necessidade de durabilidade, como no fabrico de sistemas de drenagem e tubagem (caixas de visita, tanques de contenção de resíduos ácidos e perigosos, etc.).

Também têm sido utilizados para revestimentos de reparação de superfícies e produtos pré-fabricados. O quadro 3 resume as principais aplicações destes compósitos.

Tabela 3. Aplicações típicas da BP (Ribeiro, 2006).

| Função/ Aplicação | Utilizações finais |
| --- | --- |
| Pavimentos e calçadas | Pisos de casas, galpões, escolas, hospitais, escritórios, lojas, casas de banho, corredores, pavilhões desportivos, fábricas, instalações industriais, escadas, garagens, plataformas, etc.<br>linhas de caminho de ferro, pistas de aeroportos, etc. |
| Revestimentos impermeabilização | Coberturas de betão, coberturas de água, fossas e piscinas, silos, etc. |
| Revestimentos decorativos | Revestimentos de paredes, materiais de revestimento para acabamentos texturados de edifícios, equipamento de preparação de superfícies para revestimentos, etc. |
| Revestimentos anti-corrosão | Efluentes de esgotos, caldas para ladrilhos resistentes a ácidos, pavimentos de laboratórios químicos e farmacêuticos, banhos quentes para nascentes, revestimentos, etc.<br>anti-corrosão para terraços com telhados de aço, etc. |
| Revestimento de pontes | Convés, convés interior e exterior do navio, os terraços dos passadiços, os pisos dos comboios e dos metropolitanos, etc. |

Limites dos compósitos de betão ou de argamassa polimérica

Estes sistemas têm uma série de limitações. O custo da matéria-prima (principalmente o ligante) é mais elevado (até 8 vezes) do que o dos ligantes hidráulicos (Elalaoui, 2012). De acordo com (Adams, Browne e French, 1975), o custo do betão epoxídico é 125 vezes superior ao do betão armado normal para um aumento de 6,5 vezes na resistência à flexão.

Este custo adicional pode ser compensado em algumas aplicações pela redução dos custos de mão de obra e pelo preço mais baixo dos produtos à base de polímeros, que são apenas 10 a 25% mais caros do que os ligantes hidráulicos (Elalaoui, 2012).

Esta poupança é possível graças a vários factores, tais como a poupança de material (até 50%) através do aumento das dimensões do produto graças à elevada resistência do betão resinoso, a redução dos custos de transporte graças a volumes mais pequenos e uma redução considerável das despesas de capital durante o fabrico e durante as operações de manuseamento e armazenamento, em resultado da redução do espaço necessário para a produção e armazenamento dos produtos acabados. Além disso, estes betões caracterizam-se por um mau cheiro e pela toxicidade da parte aglutinante do material (a resina e o endurecedor) durante a mistura e a colocação. O comportamento destes compósitos a altas temperaturas e na presença de fogo também dificulta o seu desenvolvimento, especialmente quando utilizados como material de revestimento ou para decoração de interiores. Uma vez que as resinas são substâncias orgânicas que não resistem bem ao calor, a sua exposição prolongada a temperaturas elevadas não é recomendada, pois conduz à sua degradação, que acaba por resultar numa perda de resistência mecânica (Adams, Browne e French, 1975; Kardon, 1997; Elalaoui, 2012).

Betão ou argamassa modificados com polímeros (BMP/MMP)

Este material, que tem um teor de polímero superior a (5%) em comparação com o cimento, começou a ser utilizado no início da década de 1950 e na década de 1970. Tornou-se um dos materiais de construção dominantes nos países avançados (Ohama, 2011). É definido como uma mistura de ligante (cimento Portland) e agregado combinado no momento da mistura com um polímero orgânico geralmente como um aditivo (Kardon, 1997; ACI_Committee_548, 2003; Czarnecki, Őzkul e Wang, 2013). Quando os hidratos de cimento e a coalescência de polímeros ocorrem, uma co-matriz é conduzida através do betão (ou argamassa). Como resultado, obtém-se uma matriz híbrida, formada por esta co-matriz, o que leva a uma melhoria do produto final. De acordo com (Ohama, 1995), as argamassas modificadas são mais utilizadas do que o betão em termos do equilíbrio entre desempenho e custo. São utilizados vários tipos de polímeros para a produção de betão ou argamassa modificados com polímeros. Os mais utilizados apresentam-se sob a forma de uma dispersão aquosa conhecida como látex (Kardon, 1997; Haidar, 2011). Existem também polímeros redispersíveis, polímeros solúveis em água e resinas líquidas (Knapen, 2007; Zabihi e Ozkul,

2015), ver Figura 4.

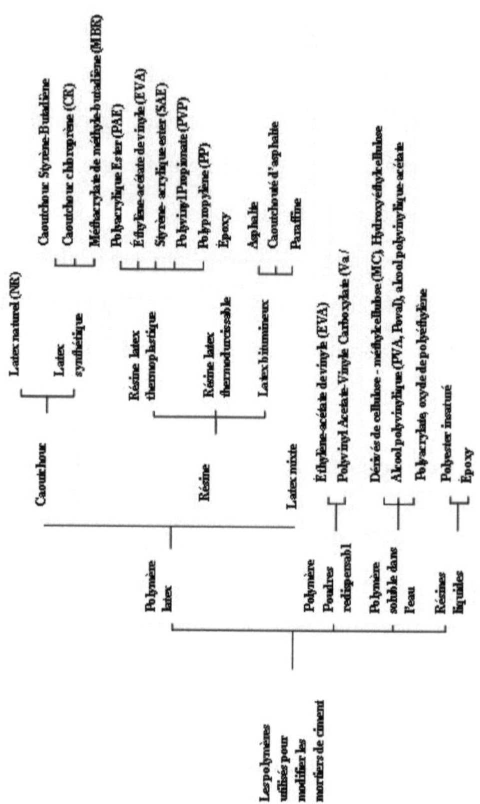



Figura 4. Polímeros para a modificação de argamassas e betão de cimento (Ohama, 1998; Knapen, 2007).

## ARGAMASSAS MODIFICADAS COM PÓ REDISPENSÁVEIS

O princípio da modificação do pó é quase o mesmo que o da modificação do látex, exceto que em vez da solução aquosa (o látex), existem pós de polímeros indispensáveis (Ohama, 1995). Estes pós são utilizados principalmente para o fabrico de misturas cujos constituintes são: cimentos e agregados (geralmente < 6 mm de dimensão), água e agentes antiespumantes, se o pó não os contiver (ACI_Committee_548, 2003). Após a adição de água, os pós redispersíveis são reemulsionados na mistura de cimento e comportam-se da mesma forma que os látexes (Knapen, 2007). A dosagem de misturas de cimento modificadas com polímero na forma de pó redispersível é semelhante à de outros sistemas modificados com polímero, com a exceção de que a água não é fornecida pelo polímero. A relação P/C em massa varia de 5 a 20% (ACI_Committee_548, 2003). O endurecimento dos sistemas modificados é semelhante ao dos sistemas modificados com látex (Ohama, 1995).

Fabrico de pós redispensáveis

Os primeiros pós redispensáveis eram à base de acetato de polivinilo. Foram desenvolvidos por (Max Ivanovits), um químico investigador da Wacker AG, em 1952 (Baueregger, 2014). Estes pós são obtidos através de um processo em duas fases (Ohama, 1998). Em primeiro lugar, os látexes poliméricos que constituem as matérias-primas são produzidos por polimerização em emulsão. Estes são depois secos por pulverização para obter os chamados pós redispensáveis (ACI_Committee_548, 2003; Knapen, 2007; Baueregger, 2014). Antes da secagem por pulverização, os látex são ainda formulados com ingredientes como bactericidas, auxiliares de secagem por pulverização e agentes anti-espuma. Os anti-bloqueadores, como o carbonato de argila, a sílica e o cálcio, são adicionados ao pó de polímero durante ou após a secagem por pulverização para evitar que os pós endureçam durante o armazenamento. Atualmente, os únicos polímeros disponíveis sob a forma de pós reutilizáveis são o PAE, SA, VAE, VA-VEOVA e PVA (Ohama, 1995; ACI_Committee_548, 2003). As propriedades das argamassas modificadas com pós redispensáveis A vantagem da utilização de pós redispersíveis é que a dosagem da mistura é melhor controlada, sendo os ingredientes secos normalmente doseados na fábrica e não no local, como é o caso dos látexes. Regra geral, as mesmas propriedades relatadas para as argamassas após modificação com látex são também obtidas para as argamassas após modificação com pós redispensáveis (Ohama, 1995); apenas estas propriedades são ligeiramente reduzidas em comparação com as do látex de composição semelhante (ACI_Committee_548, 2003). De facto, a adição de látex às argamassas tende a formar uma película de polímero mais fácil e uniformemente do que a adição de pós redispensáveis (Afridi et al., 2003).

Aplicações de sistemas modificados com pós redispensáveis

Os pós redispensáveis são sempre mais caros do que os seus equivalentes em látex, porque são geralmente obtidos através de um processo de duas fases, como acima referido. Como resultado, os sistemas modificados com pó são utilizados quando o custo não é uma preocupação importante e a conveniência é mais importante, como em aplicações que requerem a utilização de pequenas quantidades. De acordo com o guia (ACI_Committee_548, 2003), as argamassas modificadas com pós redispensáveis são utilizadas com grande eficácia em :

• Adesivos e betumes para ladrilhos cerâmicos ;

• Para a construção de revestimentos de pavimentos industriais ;

• Para a reparação de estruturas de betão e argamassas;

• Além disso, estes pós são utilizados, de forma limitada, em sistemas de acabamento de isolamento exterior.

Argamassas modificadas com polímeros solúveis em água

Este tipo de argamassa modificada utiliza polímeros solúveis em água em vez de látexes e pós com rácios de polímero muito baixos, variando entre 0,5 e 4%, dependendo do tipo de polímero utilizado (Knapen, 2007). Estes polímeros podem ser adicionados como pós ou como soluções aquosas às argamassas de cimento durante a mistura (Ohama, 1995, 1998). Quando adicionados sob a forma de pó, é aconselhável misturar os polímeros a seco com as misturas de cimento em geral e depois misturá-los com água. A literatura mostra que este tipo de modificação é aplicado com menos frequência (Knapen, 2007), porque há poucos polímeros que são solúveis em água. Para além disso, a sua baixa solubilidade causa dificuldades na sua utilização como modificadores de argamassas. Por outro lado, estes polímeros têm a vantagem da ausência de tensioactivos, que são utilizados para manter os polímeros em solução. A ausência de tensioactivos facilita a formação da película de polímero e as propriedades dos materiais podem ser melhor controladas. Consequentemente, são necessários baixos teores de polímero (Knapen, 2007).

Polímeros solúveis em água frequentemente utilizados

Existem polímeros não iónicos com um átomo de oxigénio ou de azoto na espinha dorsal do polímero. Exemplos incluem o óxido de polietileno (PEO) e a polietilenoimina (PEI). Existem também polímeros não-iónicos solúveis em água que contêm um grupo acrílico, como o ácido poliacrílico (PAA) e a poliacrilamida (PAAM). Além disso, os polímeros solúveis, como o álcool polivinílico (PVA) e o acetato de álcool polivinílico (PVAA), que são frequentemente utilizados para modificar argamassas de cimento, pertencem à classe dos polímeros não-iónicos solúveis em água que contêm um grupo vinilo. Por último, existem os éteres de celulose, como a metilcelulose (MC) e a hidroxietilcelulose (HEC), e os polielectrólitos, como o sulfato de poliestireno (PSS) (Knapen, 2007). Os polímeros naturais incluem os amidos, etc. Os derivados da celulose, como a hidroxietilcelulose e a metilcelulose, pertencem ao grupo dos semi-sintéticos. Por último, os polímeros sintéticos incluem os polímeros à base de etileno, como o óxido de polietileno, e os polímeros à base de vinilo, como o álcool polivinílico e o acetato de álcool polivinílico. Os acrilatos, como o acrilato de cálcio e o acrilato de polivinilo, que são adicionados como monómeros durante a mistura, são também polímeros solúveis em água (Ohama, 1998). Não é necessária uma cura especial para os sistemas modificados com polímeros solúveis (Ohama, 1995). Propriedades das argamassas modificadas com polímeros solúveis em água De acordo com Ohama (Ohama, 1995), os sistemas modificados com polímeros solúveis apresentam efeitos notáveis de retenção de água, de arrastamento de ar e de plastificação. A capacidade de retenção de água destes polímeros também contribui para uma adesão superior a substratos porosos, como azulejos de cerâmica e materiais cimentícios (Jenni et al., 2005; Knapen, 2007). Para além disso, a capacidade de retenção de água destes polímeros também pode contribuir para uma adesão superior a vários substratos porosos, como azulejos de cerâmica e materiais cimentícios (Jenni et al., 2005; Knapen, 2007). Para além disso, esta capacidade de retenção de água resulta frequentemente num aumento da viscosidade, que tende a reduzir a água livre e a tendência para a segregação na pasta de cimento (Knapen, 2007). Além disso, obtém-se homogeneidade e melhor dispersão das fibras de carbono e de aço na pasta de cimento modificada (Knapen, 2007). Por outro lado, os polímeros solúveis em água tendem a diminuir a resistência à compressão devido ao aumento do ar arrastado (Ohama, 1995; Fu e Chung, 1996a); enquanto se verifica um aumento da resistência à tração em algumas aplicações (Fu e Chung, 1996a). Por outro lado, é melhorada a resistência da ligação entre a pasta de cimento e os agregados (Knapen e Gemert, 2015), entre a pasta de cimento e as fibras de aço (Knapen e Gemert, 2015) e entre a pasta de cimento e as fibras de carbono (Fu, Lu e Chung, 1996). No seu trabalho (Fu e Chung, 1996a) investigaram o efeito da incorporação de metilcelulose em argamassas. Verificaram que a resistência à tração aumentou até 72% e a ductilidade à fratura até 620%, enquanto a resistência à compressão diminuiu até 30% e a ductilidade à compressão até 34%. Por outro lado, os mesmos autores, num outro estudo (Fu e Chung, 1996b), verificaram que a adição de 0,4% de metilcelulose e 20% de látex à pasta de cimento proporcionava um aumento semelhante e significativo da adesão entre as fibras de aço inoxidável e a pasta de cimento.

Além disso, a melhoria da interface entre os agregados e a pasta de cimento também pode levar a uma diminuição da permeabilidade e da formação de fissuras (Knapen e Gemert, 2015). Estes polímeros, mesmo que adicionados em pequenas quantidades, têm a capacidade de formar um filme polimérico na mistura cimentícia, como já foi referido anteriormente. Esta tendência é citada por alguns autores na literatura (Knapen e Gemert, 2015). Estes últimos estudaram a presença do filme polimérico na estrutura endurecida de argamassas de cimento modificadas com acetato de álcool polivinílico, metilcelulose e hidroxietilcelulose. Os resultados encontrados comprovaram a presença de filmes poliméricos em argamassas modificadas com 1% de acetato de álcool polivinílico e metilcelulose. As mesmas tendências foram registadas por (Jenni et al., 2005). De um modo geral, o objetivo da modificação de polímeros solúveis em água é melhorar as propriedades frescas da argamassa, enquanto o impacto nas propriedades mecânicas é considerado um efeito secundário (Knapen, 2007).

Aplicações de argamassas modificadas com polímeros solúveis em água

Estes polímeros são frequentemente utilizados como aditivos no fabrico de argamassas adesivas para ladrilhos cerâmicos e betonilhas autonivelantes (Knapen, 2007). São também frequentemente utilizados como agentes de retenção de água, os chamados modificadores reológicos ou modificadores de viscosidade (Knapen, 2007). São também utilizados para reparar estruturas danificadas. Estes sistemas também têm propriedades que os tornam adequados para aplicações subaquáticas. Os polímeros solúveis são também utilizados no fabrico de cimentos (MDF), que têm uma resistência à tração muito elevada. Estes sistemas são geralmente fabricados com rácios água-cimento muito baixos, que variam entre 0,08 e 0,2 (Donatello, Tyrer e Cheeseman, 2009), a altas pressões e temperaturas. Os polímeros solúveis em água mais comuns utilizados para fazer estes cimentos são o álcool polivinílico ou o acetato de álcool polivinílico etilo (Chetrashekhar, Cooper e Shafer, 1989; Zhang, 2014), a poliacrilamida e a hidroxipropilmetilcelulose (Knapen, 2007).

Argamassas modificadas com resinas líquidas

Trata-se de argamassas modificadas com polímeros viscosos, como a resina epóxida, a resina de poliéster insaturado ou a resina de poliuretano (Ohama, 1998). A mistura deste tipo de compósito é semelhante à dos sistemas modificados com látex (Ohama, 1995, 1998; Li et al., 2022). ou agentes de cura para formar uma estrutura de rede (polímeros de dois componentes). As argamassas modificadas com resinas líquidas são normalmente obtidas misturando primeiro o cimento, os agregados e metade da água de amassadura, seguido do endurecedor pré-misturado com a resina e o resto da água de amassadura. O teor de resina/endurecedor é praticamente igual ou superior ao dos sistemas de látex modificado; os mais comuns variam entre 15 e 20% (Ohama, 1995, 1998). No entanto, segundo Ohama (1995), o endurecimento da resina epoxídica pode ocorrer no ambiente alcalino das argamassas de cimento sem endurecedor. Estes autores efectuaram um estudo sobre argamassas modificadas com resinas epoxídicas sem endurecedor. Observaram que as argamassas foram fabricadas com sucesso e apresentaram propriedades superiores às argamassas modificadas com resinas epoxídicas convencionais (com endurecedor). Além disso, concluíram que uma relação polímero-cimento entre 5 e 10% é considerada óptima para a preparação destas novas argamassas. No que diz respeito à cura, estes sistemas têm a vantagem de curar em condições húmidas ou molhadas.

Propriedades das argamassas modificadas com resinas líquidas

Ao contrário dos polímeros solúveis, são poucos os estudos dedicados ao efeito das resinas líquidas nas propriedades no estado fresco das argamassas. A maioria dos estudos existentes na literatura refere as propriedades endurecidas das argamassas modificadas por resinas líquidas.

Neste tipo de argamassa, a polimerização é iniciada na presença de água para formar uma fase polimérica, enquanto a hidratação do cimento ocorre ao mesmo tempo. O grau de hidratação provavelmente diminui à medida que as partículas de cimento são cobertas pelas partículas de resina, reduzindo o contacto entre o cimento e a água. Consequentemente, a adição de resina epoxídica atrasa o endurecimento das pastas e argamassas. Após a cura, forma-se uma fase de co-matriz com uma estrutura combinada de rede de polímeros e uma fase de hidratos de cimento e agregados que se interpenetram, ligando-os fortemente. Como resultado, a resistência e outras propriedades da argamassa são melhoradas da mesma forma que as dos sistemas modificados com látex (Ohama, 1998). Isto significa elevada resistência e aderência, baixa permeabilidade e resistência química melhorada, tal como acontece com os sistemas modificados com látex (Ohama, 1995). Nos seus estudos (Aggarwal, Thapliyal e Karade, 2007), o objetivo era comparar as propriedades das argamassas de cimento modificadas com emulsões epoxídicas e as modificadas com látexes acrílicos. Verificaram que, para uma relação (W/C) semelhante, as argamassas modificadas com epóxi apresentavam propriedades mecânicas e durabilidade relativamente melhores do que as emulsões acrílicas.

Aplicações de argamassas modificadas com resinas líquidas

De acordo com (Ohama, 1995, 1998), os polímeros líquidos são menos utilizados como aditivos em argamassas de cimento Portland do que outros aditivos, tais como látexes, polímeros em pó redispersíveis e polímeros solúveis em água. Estas resinas são produzidas para fazer betões e argamassas poliméricas sem cimento hidratado.

Argamassas modificadas com látex

Estas argamassas contêm um polímero do tipo látex e os mesmos ingredientes que as argamassas convencionais (cimento, agregados, água e outros aditivos, se utilizados). Este tipo de argamassa será abordado em pormenor neste livro. Como já foi referido, estas argamassas são preparadas adicionando aos componentes das argamassas convencionais (cimento, areia e água), um polímero sob a forma de uma dispersão aquosa (látex) (Salbin, 1996; Ngassam, 2013), frequentemente utilizado como aditivo plastificante redutor de água (Dhaini, 2014). A relação polímero látex/cimento varia de 5 a 20% de sólidos de polímero por massa de cimento na mistura (Ohama, 1995; ACI_Committee_548, 2003; Zohhadi, 2014). Os polímeros látex são primeiro misturados com a água de amassadura, depois adicionados diretamente ao cimento e, em seguida, misturados com os agregados; este é o método clássico recomendado por Ohama (Ohama, 1995) e pela norma ASTM C 1439 (ASTM_C1439, 1999), ver tabela 4. A velocidade e o tempo de amassadura devem ser cuidadosamente escolhidos para evitar a retenção de ar desnecessária. As bolhas de ar que se formam quando o cimento e os agregados são misturados com uma solução aquosa de polímeros não são fáceis de remover, uma vez que tendem a ser estabilizadas pelos polímeros, resultando numa redução da resistência (Ngassam, 2013; Ukrainczyk e Rogina, 2013), embora este fenómeno possa ser benéfico para melhorar a trabalhabilidade e a durabilidade das argamassas.

Tabela 4. Mistura de acordo com a norma ASTM C 1439 (1$^{re}$ Method).

| Operações | Duração das operações (s) | Estado da misturadora |
|---|---|---|
| Introdução de água, o látex e agente anti-espuma. | | Parar |
| Introdução do cimento | | |
| | 30 | Velocidade lenta |
| Introdução de areia | 30 | |
| | 30 | Velocidade média |
| Raspagem do depósito | 15 | Parar |
| | 75 | |
| | 60 | Velocidade média |

Alguns investigadores (Salbin, 1996; Ukrainczyk e Rogina, 2013) sugerem a utilização de agentes antiespumantes na mistura, nos casos em que estes agentes não estão contidos no látex. Outros (Kim e Robertson, 1997; Barluenga e Herna'ndez-Olivares, 2004; Li, Zhong e Zhang, 2012), propõem a utilização de uma abordagem alternativa para reduzir a formação de bolhas de ar em argamassas modificadas, que consiste em humedecer previamente o cimento e a areia com água, adicionando depois o látex (ver Quadro 5).

Tabela 5. Mistura com pré-humedecimento (2º método).

| Operações | Duração das operações | Estado da misturadora |
|---|---|---|
| Introdução de água | | Parar |
| Introdução do cimento | | |
| | 30s | Velocidade lenta |
| Introdução de areia | 30s | |
| | 30s | Velocidade média |
| Raspagem do depósito | 15s | Parar |
| | 75s | |
| | 60s | Velocidade média |
| | 120s | Vibração |
| Introdução do látex | 180s | Baixa + velocidade vibração |

Descrição dos principais constituintes das argamassas modificadas com látex

**• Cimento :**

Os mais utilizados são os cimentos portland (Dhaini, 2014), que são pós minerais que endurecem quando em contacto com a água (Goto, 2006; Ngassam, 2013).

a) Composição e processo de fabrico do cimento Portland :

É obtido através da moagem do clínquer com aproximadamente (3 a 5%) de gesso (sulfato de cálcio), que regula a sua presa (Belkhodja, 2013; Dhaini, 2014). O clínquer é produzido após a cozedura a alta temperatura (1450°C) de uma mistura de carbonato de cálcio ~ 80%, e 20% de argila composta por: Sílica ~ 15% alumina ~ 3%, Óxido férrico ~ 3% (Belkhodja, 2013; Baueregger, 2014).

b) Hidratação do cimento :

As fases do cimento hidratam, a diferentes taxas, seguindo um processo exotérmico para formar um material coeso (Dhaini, 2014).

➤ Hidratação de silicatos :

Os cimentos Portland reagem com a água para formar silicato de cálcio hidratado (C-S-H) e hidróxido de cálcio (CH), conhecido como portlandite (Ngassam, 2013). As reacções que ocorrem são as seguintes (1, 2):

$$2 \ C3S + 8 \ H \rightarrow C3S2H5 + 3 \ CH \ (1)$$
$$2 \ C2S + 6 \ H \rightarrow C3S2H5 + CH \ (2)$$

A hidratação da alite C3S é rápida (Ngassam, 2013). Inicia-se diretamente após as primeiras horas de mistura (Ngassam, 2013). É, portanto, esta fase que é responsável pela fixação da pasta de cimento, pela coesão e pela evolução das propriedades mecânicas do cimento numa idade jovem (Ngassam, 2013; Dhaini, 2014). Por outro lado, a hidratação da belite C2S é muito mais lenta (Ngassam, 2013). A sua contribuição para a resistência mecânica do cimento torna-se significativa após uma semana (Ngassam, 2013).

➢ Hidratação de aluminatos :

Os C3As são altamente reactivos na ausência de sulfatos (Ngassam, 2013). Provocam o endurecimento da pasta de cimento (flash setting) e impedem o seu endurecimento (Dhaini, 2014). É por esta razão que o gesso (CSH2) é utilizado no fabrico de cimento (Ngassam, 2013). Na presença de água, os aluminatos (C3A e C4AF) reagem com o gesso para formar trisulfoaluminato de cálcio hidratado, designado por etringite (C6AS3H31) (Ngassam, 2013; Dhaini, 2014). A reação que ocorre é a seguinte (3).

C3A + 3 CSH2 + 25 H → C6AS3H31 (3)

Os aluminatos C3A remanescentes reagem com parte da etringite para dar monossulfoalumininato de cálcio (4) e com água para dar aluminatos hidratados (5).

C3A + 14 H + C6AS3H31→ 3C4AS3H15(4)

2 C3A+ 21 H → C4AH13 + C2AH8 (5)

O cimento contém também pequenas quantidades (menos de 1%) de álcalis sob a forma de óxidos que se dissolvem completamente em contacto com a água, libertando iões hidroxilo (6, 7).

$Na_2O + H_2O → 2\ Na^+ + 2\ OH^-$ (6)

$K_2O + H_2O → 2\ K^+ + 2\ OH^-$ (7)

Também se estabelece um equilíbrio no meio entre a portlandite e os iões de cálcio (8): $Ca(OH)_2 ↔ Ca^{2+} + 2\ OH^-$ (8)

c) Desenvolvimento sustentável e impacto ambiental dos cimentos portland :

O aquecimento global associado às emissões de gases com efeito de estufa, como o dióxido de carbono (CO2), tem sido observado desde meados do século XX. O controlo destas emissões tornou-se, assim, um grande desafio mundial. Este problema envolve todos os sectores de atividade, nomeadamente os relacionados com a gestão da energia, os recursos naturais, as matérias-primas e os transportes (Bur, 2012).

No domínio da engenharia civil, ter em conta as exigências do desenvolvimento sustentável significa reduzir o impacto ambiental das estruturas ao longo do seu ciclo de vida, mantendo a sua qualidade de utilização (funcionalidade e desempenho). A análise do ciclo de vida das estruturas de cimento mostra que, entre os vários constituintes utilizados, o cimento e, em particular, a produção de cimento é a principal fonte de impacto ambiental (Bur, 2012). Não só consome calcário, argila, marga e combustível, como também é responsável pela maior parte das emissões de gases com efeito de estufa. A produção de clínquer requer uma grande quantidade de energia (da ordem de 4 GJ/t) (Bur, 2012). É também um dos maiores emissores de dióxido de carbono, emitindo 5 a 10% das emissões globais de $CO_2$ para a atmosfera (Deventer, Provis e Duxson, 2012; Atsonios et al., 2015). Regra geral, um (01) quilograma de clínquer gera cerca de 0,9 kg de $CO_2$ (Hasanbeigi, Price e Lin, 2012; Brien e Mahboub, 2013).A diferença entre esta e outras indústrias é que a queima de combustível não é o único fator dominante nas emissões de $CO_2$ (Hasanbeigi, Price e Lin, 2012). Mais de metade das emissões de $CO_2$ produzidas durante o processo de fabrico de cimento provêm da calcinação das matérias-primas, enquanto o restante provém da combustão de combustíveis para atingir uma temperatura de 1450°C, na qual ocorre a clinkerização (Hasanbeigi, Price e Lin, 2012; Hot, 2013). Além disso, as pedreiras, os transportes e os locais de produção são fontes potenciais de ruído, vibrações, poeiras e vários gases poluentes, como os óxidos de azoto (NOx) ou os óxidos de enxofre (SOx), que podem ter um impacto na saúde pública. A redução das emissões de $CO_2$ na produção de cimento passa agora pela redução da proporção ligada à descarbonatação das matérias-primas, e a forma mais eficaz atualmente parece ser a redução da quantidade de cimento através da utilização de materiais de substituição (Bur, 2012). Em particular, a utilização de subprodutos industriais adicionados diretamente ao clínquer ou em alto teor de carga como materiais de substituição nas misturas de cimento. Os produtos mais utilizados são as cinzas volantes, a sílica de fumo e a escória de alto-forno (Bur, 2012).

- **Látex :**

Os látex são partículas de polímero esféricas hidrofóbicas suspensas numa fase aquosa (Goto, 2006; Dhaini, 2014). São também definidos como suspensões coloidais de polímeros estabilizados em água (Belkhodja, 2013; Ngassam, 2013). Os látexes apareceram pela primeira vez na década de 1930 (Dhaini, 2014). O tamanho médio das partículas varia de 50 a 5000 nm (ACI_Committee_548, 2003; Sivakumar, 2011).

a) O processo de fabrico do látex sintético :

A maioria dos látexes é fabricada através de um processo conhecido como polimerização em emulsão (Thickett e Gilbert, 2007; Kapil Soni e Joshi, 2014). Trata-se de um processo muito bem sucedido, tanto do ponto de vista técnico como ambiental, graças à utilização de água como solvente e também à quantidade negligenciável de compostos orgânicos voláteis (COV) libertados durante a sua preparação e aplicação (Amaral, 2004; Nguyen, 2008; Erdmenger et al., 2010; Pragliola, Vita e Longo, 2013). Trata-se de monómeros petroquímicos fabricados a partir do petróleo bruto (Elalaoui, 2012). No entanto, também podem ser produzidos a partir de carvão, gás natural, madeira ou substâncias vegetais (Elalaoui, 2012). Após a fase de destilação do petróleo, as naftas são decompostas em moléculas leves denominadas "monómeros" por craqueamento a vapor a uma temperatura de 850°C e na presença de vapor. Estes monómeros são primeiro dispersos sob a forma de gotículas numa fase aquosa (Benyahia, 2009; Youssef, 2012). A estas gotículas é adicionado um iniciador solúvel em água ou solúvel em água (ACI_Committee_548, 2003; Benyahia, 2009; Youssef, 2012) e um tensioativo, frequentemente do tipo não iónico (fresco) para utilização com cimentos Portland (Salbin, 1996; ACI_Committee_548, 2003). O papel do tensioativo é estabilizar a dispersão das gotículas de monómero e das partículas de polímero (Benyahia, 2009), uma vez que, sem estabilização, as partículas tendem a agregar-se por floculação, sob o efeito do movimento browniano (Ngassam, 2013). Por vezes são adicionados tampões de pH, agentes antiespumantes e agentes de transferência de cadeia para controlar as massas molares, que são frequentemente excessivas (Salbin, 1996; ACI_Committee_548, 2003).

b) Os principais tipos de látex utilizados para modificar as argamassas:

Foi estudada uma grande variedade de tipos de látex para utilização em argamassas modificadas (Ohama, 1995; Salbin, 1996; Nicot, 2008; Ngassam, 2013); mas os principais tipos atualmente utilizados são: Polímeros e copolímeros acrílicos (PAE), copolímeros estireno-acrílicos (SA), copolímeros de estireno-butadieno (SBR), copolímeros de acetato de vinila (VAC) e homopolímeros de acetato de vinila (PVA). Os principais copolímeros de acetato de vinilo são o etileno (VAE) e o éster vinílico do ácido versático (VA/VEOVA), embora os copolímeros de acetato acrílico também sejam utilizados em certa medida.

Recentemente, a borracha de estireno butadieno (SBR) e os polímeros acrílicos (SA e PAE) são os principais tipos em utilização (Benali e Ghomari, 2017). Estes látexes representam 37% (SBR) e 30% (SA e PAE), respetivamente, do total de látexes sintéticos à base de água fabricados industrialmente (Benali, 2018). Têm sido utilizados há muito tempo para modificar argamassas e parecem ser muito bons (Benali e Ghomari, 2017). A seguir, apresentamos primeiro o processo de formação do filme de polímero e da co-matriz e, em seguida, descrevemos brevemente a influência dos látexes nas propriedades mecânicas e na durabilidade das matrizes de cimento.

c) Filmificação do látex :

Para aplicações como revestimentos ou argamassas, os polímeros de látex passam por uma etapa de secagem (Baueregger, 2014). Devido à perda de água por evaporação e, em seguida, à hidratação do cimento, pode formar-se uma película homogénea de polímero acima de uma temperatura limite denominada temperatura mínima de formação de película (TMFF) (Kardon, 1997; Goto, 2006; Ngassam, 2013). Abaixo desta temperatura, o polímero não consegue formar esta película contínua (Kardon, 1997; Nicot, 2008; Belkhodja, 2013). Outra temperatura utilizada para caraterizar os látexes, próxima da temperatura TMFF, é a temperatura de transição vítrea (Tg) (Nicot, 2008). Esta é a temperatura à qual as cadeias se tornam móveis (Goto, 2006). Corresponde à temperatura à qual o comportamento do polímero muda do estado vítreo, duro e relativamente quebradiço para um estado mais macio de "borracha" (Kardon, 1997; Goto, 2006). A dureza do polímero modificador também está associada a esta temperatura Tv. Em geral, quanto maior for o valor de Tv, mais duro será o polímero e maior será a resistência à compressão resultante. Por outro lado, quando a Tv é baixa, o sistema resultante tem baixa permeabilidade (ACI_Committee_548, 2003). Relativamente a esta película, um trabalho de investigação recente (Baueregger, 2014), descreve o mecanismo da sua formação (ver figura 5). Inicialmente, a perda de água do látex (fase 1) aumenta a concentração de polímero na mistura, gerando posteriormente a formação de uma pilha de polímero em contacto (fase 2). Esta deforma-se gradualmente (fase 3), o que ocorre a temperaturas superiores à temperatura mínima de formação de película (MFT), de modo a que os espaços entre as partículas desapareçam, formando-se uma estrutura hexagonal (Baueregger, 2014). De seguida, ocorre a coalescência das partículas de látex, quando a temperatura ambiente excede a temperatura de transição vítrea do polímero (fase 4) (Baueregger, 2014). Aqui, as interfaces entre as partículas de látex quebram-se e as cadeias de polímero das partículas individuais difundem-se umas nas outras (interdifusão), produzindo uma película de polímero coerente e contínua (fase 5). Os estudos efectuados sobre a formação da película de polímero mostraram que existe também um nível de polímero a adicionar ao material cimentício abaixo do qual não se forma qualquer película. A análise microscópica (microscopia eletrónica de varrimento) realizada por (Afridi et al., 2003) sobre a microestrutura de pastas de cimento modificadas e não modificadas mostrou que este nível é de 5% de polímero de látex por peso de cimento. Além disso, os látex adicionados aos materiais cimentícios não só formam a película de polímero, como também podem interagir física e possivelmente quimicamente com a matriz cimentícia para formar a chamada co-matriz, que é uma estrutura de rede na qual a fase de cimento hidratado e a fase de polímero se interpenetram. O parágrafo seguinte descreve sucintamente a formação desta co-matriz.

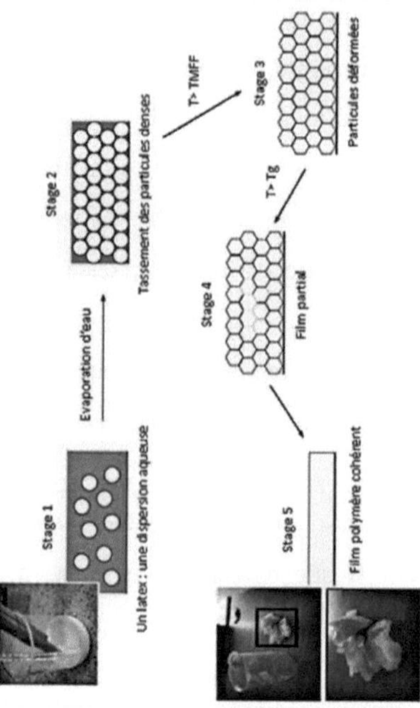


Figura 5. Diagrama esquemático do mecanismo de formação da película de polímero.

d) Mecanismo de formação de co-matrizes :

Devido à grande variedade de látexes, ligantes minerais e agregados, bem como ao complexo mecanismo de hidratação do cimento, é difícil desenvolver uma descrição geral válida para a formação da microestrutura das argamassas modificadas com látex (Baueregger, 2014). Uma estrutura em rede é obtida, após o período de endurecimento e evaporação da água da mistura, onde os hidratos de cimento e o polímero se interpenetram para formar uma co-matriz (Benali e Ghomari, 2017; Bahranifard, Vosoughi e Shariati, 2022). Esta co-matriz é construída em várias fases (Ngassam, 2013). As diferentes fases do modelo proposto por (Ohama, 1995), geralmente aceites e posteriormente modificadas por (Gemert et al., 2005). Imediatamente após a mistura, as partículas de cimento e as partículas de polímero são dispersas de forma homogénea na pasta de cimento. Inicialmente, ocorre a hidratação do cimento, resultando numa solução alcalina. No estágio 1, algumas das partículas de polímero são depositadas na superfície dos grãos de cimento anidro e agregados. Enquanto que a outra parte pode fundir-se numa película contínua. Na fase seguinte, o cimento hidrata-se e os flóculos de polímero coalescem numa película de polímero. Os processos que ocorrem nesta fase dependem das condições de cura. Se o período de cura a seco não for aplicado durante a maturação, a formação da película de polímero é atrasada e a influência nas propriedades da mistura fresca é limitada nesta fase. Por outro lado, se for adicionado um período de cura a seco após a cura húmida, a estrutura hidratada desenvolve-se e ocorre a formação da película de polímero. À medida que a água na mistura se evapora e é consumida pela hidratação do cimento, as partículas de polímero floculam e formam uma camada orgânica na superfície das partículas de cimento não hidratadas e aderem à camada de silicato de cálcio nos agregados. As reacções também ocorrem entre o polímero, o cimento e as partículas de agregado. O resultado final é uma película contínua de polímero na qual as membranas unem os hidratos de cimento para formar uma rede monolítica tridimensional. Nesta rede, a fase polimérica interpenetra a fase cimentícia parcialmente hidratada. Como resultado, as propriedades das argamassas de cimento comuns são muito melhoradas.

e) Interacções cimento-polímero

Quando um polímero do tipo látex é adicionado a uma mistura cimentícia, podem ocorrer interacções durante a hidratação do cimento (Ngassam, 2013). Os mecanismos reais destas interacções não são totalmente compreendidos (Salbin, 1996; Soufi et al., 2015). Alguns estudos consideram que apenas existem interacções físicas entre as duas fases, sendo a formação da película de polímero responsável pela melhoria de determinadas propriedades físicas e mecânicas (Soufi, 2013). Outros acreditam que, para além das interacções físicas, existem interacções químicas entre os polímeros e os hidratos de cimento responsáveis pela alteração da microestrutura das argamassas modificadas (Ngassam, 2013; Soufi, 2013; Soufi et al., 2015).Num estudo muito recente (Wang et al., 2016) investigaram o mecanismo de modificação de polímeros de látex em pastas de cimento. Os autores utilizaram dois tipos de látex, um à base de butilbenzeno, este tipo foi utilizado para representar o grupo de polímeros sem grupos activos nas suas cadeias poliméricas. O segundo é um látex de estireno-butadieno carboxílico que contém grupos activos capazes de reagir com os produtos de hidratação para produzir uma estrutura de rede 3D nos sistemas modificados. Verificaram que, para o primeiro látex sem grupos activos, o mecanismo responsável pela interação era físico. A película de látex, tendo coberto as superfícies dos cristais de hidratação e preenchido as fissuras e os poros do cimento, é capaz de dar um melhor desempenho aos sistemas modificados. No caso do outro polímero utilizado, no entanto, mostraram que o mecanismo responsável inclui tanto mecanismos físicos como químicos. O mecanismo de modificação física foi o mesmo que o sem grupos activos, no entanto, no mecanismo químico, os grupos activos reagem com os produtos de hidratação, ligando as cadeias do polímero de látex. Estas reacções químicas criam uma estrutura de rede 3D, que aumenta a resistência à flexão dos sistemas modificados. O ambiente altamente alcalino da argamassa fresca ioniza a pequena quantidade de ácido carboxílico (que está quimicamente ligado à superfície das partículas de polímero), que tende a interagir com os iões de cálcio produzidos pela hidratação do cimento, o que subsequentemente resulta numa melhor estabilidade do polímero de látex e numa forte adesão aos substratos existentes (Yang et al, 2009; Benali e Ghomari, 2017). Estes resultados são também confirmados pelo trabalho de (Wang et al., 2015) onde estudaram o mecanismo de interação química em pastas de cimento modificadas com poliacrilato (PA). Verificaram que as reacções químicas podem ser divididas em três fases: a primeira diz respeito à reação de hidratação do cimento. Esta reação cria a elevada alcalinidade da mistura. Na segunda fase, os grupos éster das cadeias de poliacrilato hidrolisadas produzem grupos carboxilados neste ambiente altamente alcalino. Na terceira fase, estes grupos carboxilados reagem com os produtos de hidratação do cimento, Ca(OH)2, para gerar um novo produto Ca(HCOO)2. A reação química entre o látex e o cimento gerou uma estrutura de rede reticulada, na qual o $Ca^{2+}$ actuou como ponto de reticulação e uniu as diferentes cadeias de poliacrilato. O resultado desta estrutura de rede reticulada é o desenvolvimento das propriedades do cimento. (Tian et al., 2013), investigaram o processo de formação da microestrutura de sistemas modificados com látex de PA. Os autores verificaram que as partículas de PA reagem com iões de cálcio nos poros da solução intersticial e hidratos de cimento. Estes polímeros de PA são combinados e adsorvidos nas partículas de cimento e nos hidratos, formando ligações polímero-cimento do tipo C. Como resultado, o polímero PA não se dispersa uniformemente na mistura fresca. (Larbi e Bijen, 1990), também estudaram o mecanismo destas interacções. Utilizaram três tipos de polímeros de látex, um à base de estireno acrílico, um à base de estireno acrílico com um agente de acoplamento e um à base de cloreto de polivinilideno. Os resultados mostram que estes polímeros reagem com $Ca^{2+}$, $SO_4^{2-}$, e $OH^-$, que são produzidos pelo cimento durante a hidratação. Foi registada uma diminuição na concentração de iões $Ca^{2+}$, contra um elevado teor de $SO_4^{2-}$ e $OH^-$ na solução intersticial das argamassas modificadas em comparação com a das argamassas não modificadas. Isto mostra que os iões $Ca^{2+}$ são retidos pelos polímeros, que por sua vez reduzem a formação de portlandite e etringite Ca(OH)2. Estes resultados são confirmados por outros estudos, tais como o estudo efectuado por (Afridi et al., 1989), onde se verificou que a formação de Ca(OH)2 em argamassas modificadas é reduzida, provavelmente devido à absorção de Ca(OH)2 pela película de polímero formada. Esta redução depende da relação P/C e do tipo de polímero utilizado. Neste estudo, o acetato de vinilo polivinil carboxilase, o acetato de vinilo polietileno e as emulsões de acetato de vinilo polietileno demonstraram ser mais eficazes do que o látex de estireno-butadieno na redução da quantidade de Ca(OH)2 em argamassas modificadas. (Gomes e Ferreira, 2005), verificaram que a adição do copolímero (VA / VeoVa) reduziu significativamente a formação de Portlandite. (Betioli et al., 2009), no seu estudo também verificaram que a adição do polímero EVA à pasta de cimento reduz o hidróxido de cálcio devido à interação química entre os iões Ca2+ e os aniões acetato.

f) Interacções ligante-agregado :

De acordo com (Ngassam, 2013), a interface ligante-agregado é a zona mais frágil das argamassas, devido ao facto de conter uma porosidade significativa e uma grande quantidade de cristais de portlandite orientados. Diversos investigadores (Ohama, 1995; Sakai e Sugita, 1995; Yang et al., 2009) demonstraram que a reação entre os iões Ca2+ e os grupos carboxilo em argamassas modificadas reduz grandemente a formação de portlandite e pode levar a ligações químicas entre o polímero e o SiO2 da superfície do agregado. Este facto tende a reduzir a porosidade existente na interface ligante-agregado e a colmatar as fissuras, aumentando assim a resistência nesta zona dita frágil.

# CONCLUSÕES

A incorporação de polímeros em betões e argamassas produz materiais semelhantes aos betões cimentícios comuns, mas com características superiores. A utilização de betões ou argamassas com resinas sintéticas e impregnadas na indústria da construção é atualmente limitada pelo elevado custo dos materiais e da mão de obra especializada, pelas condições de aplicação (temperatura e humidade especiais) e pelo mau comportamento a altas temperaturas. Vários tipos de polímeros são utilizados para modificar argamassas e betões à base de cimento Portland: látexes, polímeros redispensáveis, polímeros solúveis em água e resinas líquidas. Os látexes são os mais utilizados. Apresentam-se sob a forma de dispersões branco-leitosas produzidas por polimerização em emulsão, que formam películas de polímero após secagem. São utilizados em quantidades relativamente grandes, variando entre 5 e 20% de sólidos de polímero em peso do cimento na mistura. A cura em condições de humidade, como a imersão em água ou a cura húmida aplicável às argamassas de cimento e betão normais, é prejudicial para as argamassas e betões modificados com látex. As propriedades óptimas dos sistemas modificados são alcançadas através da cura combinada a húmido e a seco. As argamassas modificadas com látex são largamente utilizadas em vez do betão modificado com látex em termos de equilíbrio entre desempenho e custo.

# REFERÊNCIA

ACI_Committee_548 (1997) Guide for the Use of Polymers in Concrete (Guia para a utilização de polímeros em betão). ACI_Committee_548 (2003) Betão Modificado com Polímeros.

ACI_Committee_548 (2009) Report on Polymer-Modified Concrete (Relatório sobre betão modificado com polímeros).

Adams, M., Browne, R. D. e French, E. L. (1975) 'Utilisation des concons de polymère', Batiment International, Building Research and Practice, 3(4), pp. 213- 231.

Afridi, M. U. . (1995) 'Water Retention and Adhesion of Powdered and Aqueous Polymer-Modified Mortars', Cement and Concrete Composites, 17, pp. 113-118.

Afridi, M. U. K. et al (1989) "Comportamento do Ca(OH)2 em argamassas modificadas com polímeros",

The International Journal of Cement Composites and Lightweight Concrete, 11(4),pp. 235-244.

Afridi, M. U. K. et al. (2003) "Development of polymer films by the coalescence of polymer in powdered and aqueous polymer-modified mortars", Cement and Concrete Research, 33, pp. 1715 - 1721.

Aggarwal, L. K., Thapliyal, P. C. e Karade, S. R. (2007) "Properties of polymer modified mortars using epoxy and acrylic emulsions", Construction and Building Materials, 21, pp. 379-383.

Amaral, M. D. (2004) 'Assessing the environmental cost of recent progresses in emulsion polymerization', Reactive & Functional Polymers, 58, pp. 197-202.

ASTM_C1439 (1999) Standard Test Methods for PolymerModified Mortar and Concrete (Métodos de ensaio normalizados para argamassa e betão modificados com polímeros).

Atsonios, K. et al. (2015) "Integração da tecnologia de looping de cálcio numa fábrica de cimento existente para captura de CO2: Modelação do processo e considerações técnicas",

Fuel, 153, pp. 210-223.

Bahranifard, Z., Vosoughi, A.-R. and Shariati, F. F. T. K. (2022) 'Effects of water- cement ratio and superplasticizer dosage on mechanical and microstructure formation of styrene-butyl acrylate copolymer concrete', Construction and Building Materials, 318, pp. 125889.

Barluenga, G. e Herna'ndez-Olivares, F. (2004) 'SBR latex modified mortar rheology and mechanical behaviour', Cement and Concrete Research, 34, pp. 527 - 535.

Baueregger, S. M. (2014) Interação de polímeros de látex com materiais de construção à base de cimento. Universidade de Munique, Alemanha.

Belkhodja, A. (2013) Etude des interactions ciment - polymères dans un matériau de construction. Universidade Abou-Bekr Belkaid de Tlemcen.

Benali, Y. (2018) Estudo do comportamento mecânico e da durabilidade dos mortiers de polímeros modificados com látex. Universidade Aboubaker blkaid Tlemcen, Argélia.

Benali, Y. e Ghomari, F. (2017) 'Latex influence on the mechanical behavior and durability of cementitious materials', Journal of Adhesion Science and Technology, 31(3). doi: 10.1080/01694243.2016.1208378.

Benyahia, B. (2009) Modelação, experimentação e otimização multicritério de um processo de copolimerização em emulsão na presença de um agente de transferência de cadeia. Universidade de Nancy.

Betioli, A. M. et al (2009) 'Chemical interaction between EVA and Portl and cement hydration at early-age', Construction and Building Materials, 23, pp.

3332-3336.

Bothra, S. R. and Ghugal, Y. M. (2015) 'Polymer -modified concrete: review', International Journal of Research in Engineering and Technology, 04(04), pp. 845- 848.

Brien, J. V e Mahboub, K. C. (2013) "Influência do tipo de polímero no desempenho da adesão de uma argamassa de cimento misturada", International Journal of Adhesion & Adhesives, 43, pp. 7-13.

Bur, N. (2012) Etude des caractéristiques physico-chimiques de nouveaux concrets éco-respectueux pour leur résistance à l'environnement dans le cadre du développement durable. Universidade de Estrasburgo.

Chetrashekhar, G. V, Cooper, E. I. e Shafer, M. W. (1989) 'Dielectric properties of macro-defect-free ( M D F) cements', Journal of materials science, 24, pp. 3356-3360.

Czarnecki, L. (2007) "Compósitos de betão-polímero: Tendências que moldam o futuro", Int. J. Soc. Mater. Eng, 15(1), pp. 1-5.

Czarnecki, L., Őzkul, H. e Wang, R. (2013) 'Driving Forces Concrete Polymer Composites', Advanced Materials Research, 687, pp. 68-74.

Deventer, J. S. J. v, Provis, J. L. e Duxson, P. (2012) "Technical and commercial progress in the adoption of geopolymer cement", Minerals Engineering, 29, pp. 89-104.

Dhaini, F. (2014) Estudo das interacções entre modelos de cimento e látex. Consequências sobre as propriedades reológicas. Universidade de Borgonha.

Donatello, S., Tyrer, M. e Cheeseman, C. R. (2009) "Recent developments in macro-defect-free (MDF) cements", Construction and Building Materials, 23, pp. 1761-1767.

Elalaoui, O. (2012) Otimização da formulação e da resistência a altas temperaturas de um betão à base de époxido. Universidade de Tunis El Manar e

Universidade de Cergy-Pontoise (França).

Erdmenger, T. et al. (2010) "Recent developments in the utilization of green solvents in polymer chemistry", Chemical Society Reviews, 39, pp. 3317-3333.

Fowler, D. W. (1999) 'Polymers in concrete: a vision for the 21st century', Cement & Concrete Composites, 21, pp. 449-452.

Fu, X. e Chung, D. D. L. (1996a) 'Effect of Methylcellulose admixture on the mechanical properties of cement', Cement and Concrete Research, 26(4), pp. 535-538.

Fu, X. e Chung, D. D. L. (1996b) 'Effect of polymer admixtures to cement on the bond strength and electrical contact resistivity between steel fibre and cement', Cement and Concrete Research, 26(2), pp. 189-194.

Fu, X., Lu, W. e Chung, D. D. L. (1996) 'Improving the bond strength between carbon fibre and cement by fibre surface treatment and polymer addition to cement mix', Cement and Concrete Research, 26(7), pp. 1007-1012.

Gemert, D. V et al. (2005) "Cement concrete and concrete-polymer composites: Two merging worlds. A report from 11th ICPIC Congress in Berlin, 2004", Cement & Concrete Composites, 27, pp. 926-933.

Gomes, C. E. M. e Ferreira, O. P. (2005) 'Análise das Propriedades Microestruturais de Pastas de Cimento Modificadas com Copolímero VA/VeoVA', Polímeros: Ciência e Tecnologia, 15(3), pp. 193-198.

Goto, T. (2006) Influência dos parâmetros moleculares do látex na hidratação, reologia e propriedades mecânicas de compósitos de cimento/látex. Universidade de Paris VI.

Haidar, M. (2011) Otimização e durabilidade de microbetões à base de epóxi. Universidade de Cergy-Pontoise.

Hasanbeigi, A., Price, L. e Lin, E. (2012) "Tecnologias emergentes de eficiência energética e de redução das emissões de CO2 para a produção de cimento e betão: A technical review", Renewable and Sustainable Energy Reviews, 16, pp. 6220-6238.

Hot, J. (2013) Influência dos polímeros superplastificantes e dos agentes de entrada de ar na viscosidade macroscópica dos materiais cimentícios. Universidade de Paris-Est.

Jenni, A. et al. (2005) "Influence of polymers on microstructure and adhesive strength of cementitious tile adhesive mortars", Cement and Concrete Research, 35, pp. 35-50.

Kapil Soni, E. e Joshi, Y. P. (2014) 'Performance Analysis of Styrene Butadiene Rubber-Latex on Cement Concrete Mixes', Journal of Engineering Research and Applications www.ijera.com, 4(3), pp. 838-844. Disponível em: www.ijera.com.

Kardon, J. B. (1997) 'Polymer-modified concrete: review', J. Mater. Civ. Eng, 9, pp. 85-92.

Kim, J.-H. e Robertson, R. E. (1997) "Prevention of air void formation in polymer- modified cement mortar by pre-wetting", Cement and Concrete Research, 27(2), pp. 171-176.

Knapen, E. (2007) Formação da microestrutura em argamassas de cimento modificadas com polímeros solúveis em água.

Knapen, E. e Gemert, D. Van (2015) 'Polymer film formation in cement mortars modified with water-soluble polymers', Cement & Concrete Composites, 58, pp. 23-28.

Larbi, J. A. e Bijen, J. M. J. M. (1990) "Interação de polímeros com cimento portland durante a hidratação: um estudo da química da solução de poros de sistemas de cimento modificados com polímeros", Cement and concrete research, 20, pp. 139-147.

Li, J., Zhong, S. e Zhang, C. (2012) "Influência do superplastificante e do procedimento de mistura nas propriedades das argamassas modificadas com látex de éster estireno-acrílico", Magazine of Concrete Research, 64(5), pp. 411-417.

Li, P. et al. (2022) "Efeito de retardamento dependente do tempo dos látex epóxi na hidratação do cimento: Experiments and multi component hydration model", Construction and Building Materials, 320, pp. 126282.

Ngassam, I. L. T. (2013) Durabilidade das reparações de estruturas de engenharia em betão. Universidade de Paris-Est.

Nguyen, D. (2008) Estudo da nucleação controlada de látex polimérico à superfície de nanopartículas de óxido para a elaboração de estruturas híbridas de colóides. Universidade de Bordéus 1.

Nicot, P. (2008) "Mortar-substrate interactions: determining factors in mortar performance and adhesion", p. 224.

Ohama, Y. (1995) Handbook of polymer- modified concrete and mortars Properties and Process Technology. Noyes Publications Mill Road, Park Ridge, New Jersey 07656.

Ohama, Y. (1998) "Polymer-based Admixtures." Cement and Concrete Composites", Cement and Concrete Composites, 20, pp. 189-212.

Ohama, Y. (2011) 'Concrete-Polymer Composites - The Past, Present and Future -', Key Engineering Materials, 466, pp. 1-14.

Pragliola, S., Vita, R. D. e Longo, P. (2013) 'Aqueous emulsion polymerization of styrene and substituted styrenes using titanocene compounds', Polymer, 54, pp. 1583-1587.

Ribeiro, M. C. dos S. (2006) Novas Formulações de Argamassas Poliméricas - Desenvolvimento, Caracterização e Formas de Aplicação -. Faculdade de Engenharia da Universidade do Porto.

Sakai, E. e Sugita, J. (1995) "Composite mechanism of polymer modified cement", Cement and Concrete Research, 25(1), pp. 127-135.

Salbin, M. K. (1996) Properties and performance of polymer modified cements and mortars. Universidade de Aston em Birmingham.

Sivakumar, M. V. N. (2011) 'Effect of Polymer modification on mechanical and structural properties of concrete An experimental investigation', International journal of civil and structural engineering, 1(4), pp. 732-740.

Soufi, A. (2013) Étude de la durabilité des systèmes béton armé - mortiers de réparation en milieu marin. Universidade de La Rochelle.

Soufi, A. et al. (2015) "Influência da proporção de polímero nas propriedades de transferência de argamassas de reparação com porosidade de água equivalente", Materials and Structures, 49(1),
pp. 383-398.

Thickett, S. C. e Gilbert, R. G. (2007) 'Emulsion polymerization: State of the art in kinetics and mechanisms", Polymer, 48, pp. 6965-6991.

Tian, Y. et al. (2013) "Research on the microstructure formation of polyacrylate latex modified mortars", Construction and Building Materials, 47, pp. 1381-1394.

Ukrainczyk, N. e Rogina, A. (2013) 'Styrene-butadiene latex modified calcium aluminate cement mortar', Cement & Concrete Composites, 41, pp. 16-23.

Wang, M. et al. (2015) "Research on the chemical mechanism in the polyacrylate latex modified cement system", Cement and Concrete Research, 76, pp. 62-69.

Wang, M. et al. (2016) "Research on the mechanism of polymer latex modified cement", Construction and Building Materials, 111, pp. 710-718.

Yang, Z. et al. (2009) 'Effect of styrene- butadiene rubber latex on the chloride permeability and microstructure of Portlet cement mortar', Construction and

Building Materials, (23), pp. 2283-2290.

Youssef, I. (2012) Polimerização em emulsão e miniemulsão. Influência da combinação de estabilizadores moleculares e macromoleculares e monitorização in situ por espetroscopia Raman. Universidade de Lorena.

Zabihi, N. e Ozkul, M. H. (2015) 'The Effect of Nano-Silica Particles on Fresh and Hardened State Properties of Polymer Cement Mortars', Advanced Materials Research, 1129, pp. 113-120.

Zhang, W. (2014) Síntese e resistência à fratura do cimento sem macro-defeitos (MDF). Universidade de Illinois em Urbana-Champaign.

Zohhadi, N. (2014) Bio-Inspired and Low-Content Polymer Cement Mortar for Structural Rehabilitation. Universidade da Carolina do Sul.

Printed by Books on Demand GmbH, Norderstedt / Germany